Bibliografische Information der Deutschen Nationalbibliothek:

Die Deutsche Bibliothek verzeichnet diese Publikation in der Deutschen Nationalbibliografie; detaillierte bibliografische Daten sind im Internet über http://dnb.d-nb.de/ abrufbar.

Impressum:

Druck und Bindung: Books on Demand GmbH, Norderstedt Germany
ISBN: 978-3-668-02340-6

Dieses Buch bei GRIN:

http://www.grin.com/de/e-book/303868/qualitaetstourismus-auf-mallorca-stellt-der-urlaub-auf-dem-land-eine

Armin Dombrowski, Jens Kriminski

"Qualitätstourismus auf Mallorca". Stellt der Urlaub auf dem Land eine geeignete Variante der Erneuerung dar?

GRIN Verlag

Inhaltsangabe

1. Einleitung

Die Insel Mallorca, die sich einst mit dem Begriff des Massentourismus[1] einen Namen gemacht hat, setzt seit der Mitte der 90-er Jahre auf andere Tourismussegmente, die unter dem Begriff Qualitätstourismus[2] zusammen gefasst werden können. Mit über 9,5 Mio. Touristen im letzten Jahr[3] gehört sie weiterhin zu den beliebtesten Reisezielen in Mittelmeer.

In unserer Arbeit beschäftigen wir uns mit dem Teilthema: Agrotourismus - Urlaub zwischen Wein und Oliven, das eins der Segmente innerhalb des Qualitätstourismus darstellt und werden versuchen argumentativ darzulegen ob diese Form des Qualitätstourismus eine geeignete Form der Erneuerung darstellt. Nach einem Versuch der Klärung des Begriffes Agrotourismus, werden wir sowohl auf die naturgeografischen Bedingungen der Insel als auch auf die touristische Entwicklung Mallorcas und die damit verbundenen wirtschaftlichen und demographischen Entwicklung eingehen. Die Genese des Tourismus von den Anfängen über die Krisen, den Massentourismus bis hin zu den neuen Formen und Segmenten des Qualitätstourismus werden wir dann Anhand des Modells von Butler darstellen bis wir schließlich genauer auf die agrotouristische Entwicklung eingehen. Auf der Grundlage von statistischen Daten, Tabellen und Darstellungen werden wir die Entwicklung dieses Segments ab Mitte der 90-er Jahre aufzeigen.

Wir werden auf die Vor-, und Nachteile eingehen und schließlich im Fazit uns die Frage stellen ob diese Form eine geeignete Form der Erneuerung ist.

2. Agrotourismus oder Tourismo Rural[4]

Der Agrotourismus oder ländlicher Tourismus gehört zu dem Segment des Ökotourismus. Unter Ökotourismus wird wiederrum eine Vielzahl von Tourismusarten zusammengefasst, die zwar denselben Grundgedanken verfolgen, aber unterschiedliche Akzente setzen. Hierzu können u.a. folgende Arten genannt werden: Nachhaltiger Tourismus, Grüner Tourismus, Sanfter Tourismus, Intelligenter Tourismus und Ländlicher Tourismus. Ganz allgemein haben diese Arten eines gemeinsam, die Natur. Wobei innerhalb der

---

[1] Das „Wörterbuch Allgemeine Geographie" definiert den Massentourismus 1997 wie folgt: "Massentourismus: 1. Ausdruck für die in den westlichen Industrieländern zu beobachtende Erscheinung, dass die Reiseintensität der Bevölkerung sehr hohe Werte erreicht, dass also weiteste Bevölkerungskreise am Fremdenverkehr teilnehmen. 2. Fremdenverkehr, der sich im Gegensatz zum Individualtourismus, in organisierter Form und in größeren Gruppen abspielt und als Ziel stark frequentierte Fremdenverkehrsgebiete aufweist. Der Begriff wird häufig abschätzig im Sinn einer Kritik an Auswüchsen des Tourismus gebraucht.

[2] Der Begriff Qualitätstourismus ist, wie der Begriff Qualität selbst subjektiv und für unterschiedliche Bezugsgruppen unterschiedlich zu definieren. Oftmals steht Qualität für einen höheren Preis, bzw. eine bessere Leistung. Zum einen kann der Begriff Qualität nicht für sich alleine stehen, es ist vielmehr an einen Standort in einer Region bzw. einen Betrachter gebunden. In der Arbeit wird unter Qualitätstourismus im Zusammenhang mit den neuen Formen, wie u.a. dem Jacht-, Golf-, und Agrotourismus gesprochen.

[3] Anzahl der Touristen für das Jahr 2014, 9.664.094 Urlauber; Vgl.: Tabelle Nr.5, Anzahl der Agrotouristen auf Mallorca in den Jahren 2010-2014.

[4] Tourismo Rural – ländlicher Tourimus

Begrifflichkeiten auch Unterschiede vorkommen. Allgemein kann man sagen, dass der Ökotourismus sich an die Zielregion anpasst diese nicht oder kaum verändert und durchweg positiv angesehen wird.

Der von uns untersuchte Agrotourismus, hatte als Grundidee ein touristisches Angebot in einer dörflich-ländlichen Gegend mit einem unmittelbaren Anschluss an einem landwirtschaftlichen Betrieb. Dieses kann einem Urlaub auf dem „Bauernhof" gleich gesetzt werden, wo die Urlauber weit von großen Agglomerationen und dem „Trubel" der Stadt die Natur genießen und „anfassen" können. Dieses stimmt mit der Definition von Arnold und Staudacher aus dem Jahre 1981 überein. Demnach ist der Agrotourismus „eine Form der Vermietung an Erholung suchende Gäste, die in enger räumlicher und funktionaler Beziehung zu einem land- und forstwirtschaftlichen Betrieb steht."[5] Darüber hinaus kann der Agrotourismus als „ein touristisches Angebot im ländlichen Raum, welches Aufenthalte mit Erlebnischarakter auf oder in der Nähe eines Agrarbetriebes generiert, vorwiegend von Landwirten organisiert wird und der Landwirtschaft ein Zusatzeinkommen ermöglicht"[6] verstanden werden.

Der spanische Begriff „Turismo rural" kann weitgehend mit dem deutschen „Öko-, bzw. Agrotourismus" gleichsetzen werden. Laut Definition wird dieser als „Ländlicher Tourismus niedriger Intensität, dessen Zielort natürliche Räume sind"[7] verstanden. Auf Mallorca sind die Formen der Umsetzung jedoch sehr verschieden. Der einst als „sanfter Tourismus" bezeichnete Agrotourismus erlebte in den letzten 20 Jahren eine Veränderung. Nicht nur die Zusammensetzung der Betreiber, die oftmals nicht mehr Landwirte, sondern Quereinsteiger oder professionelle Anbieter der Hotelbranche sind, sondern auch das Angebot vergrößert sich von Jahr zu Jahr. Den Urlaubern gerade in Spanien, und in unserem Fall auf Mallorca wird immer mehr Luxus angeboten, ob das eine Wellnessoase, ein Pool oder ein zu Verfügung stehender Jeep ist, alles das führt weg von der Ursprungsidee eines Agrotourismus.

Auch die Motivation für so eine Art von Urlaub ist unterschiedlich, oftmals werden unter den Urlaubern folgende Gründe angegeben. Die meisten wollen nah an der Natur sein, sie wollen die Zeit zur Erholung und Entspannung nutzen. Die ländliche Region ermöglicht auch den ‚Ausbruch aus dem Alltag', der in einer viel frequentierten touristischen Region nicht oder weniger möglich wäre. Weitere Vorteile bietet die Landschaft, sie ist ideal für Wanderungen. Gleichzeitig ist es auch eine Möglichkeit ‚Land und Leute' kennenzulernen und so die Kultur hautnah zu erleben.

[5] Arnold, Klaus; Staudacher, Christian: Urlaub auf dem Bauernhof : eine empirische Untersuchung der Struktur und Entwicklung einer spezifischen Erholungsform und ihrer Auswirkungen auf die Land- und Forstwirtschaft in Niederösterreich; Wien 1981, S. 23.

[6] Thomas Egger: Agrotouristische Angebote gemeinsam vermarkten. In: die Volkswirtschaft. das Magazin für Wirtschaftspolitik. 6-2009, S. 12.

[7] TORRES ARRABAL, M. und JUAREZ GUTIERRES, J.: Verschiedene Typen des Tourismus, Granada 2000

Auch die Ziele die mit dem Agrotourismus verfolgt werden sind sehr verschieden. Ursprünglich hat man mit dieser Form des Tourismus ein „zweites Standbein" in den Einnahmen gesehen. Neben der Landwirtschaft sollte auch der Tourismus den Anbietern Profit bringen. Dies sieht ein wenig anders in den vom Sommertourismus geprägten Ländern, oder Inseln wie auch auf Mallorca aus, hier möchte man auch in der Neben-, oder Wintersaison Geldeinnahmen sichern. Weitere Ziele sind die „nachhaltige"[8] Erhaltung der Natur und auch außerhalb der Tourismushochburgen in der Tourismusbranche tätig zu sein.

3. Mallorca – Räumlich-geografische Analyse

Mallorca ist mit einer Fläche von 3640 km²[9] die größte Inseln des Balearen Archipels, zu dem auch die Inseln Menorca und Ibiza gehören. Sie liegt im westlichen Mittelmeer etwa 170 km östlich des spanischen Festlands zwischen 39°15′ und 39°57′ nördlicher Breite und 2°19′ und 3°28′ östlicher Länge. Dabei beträgt die maximale Ost-West-Ausdehnung 98 km und die Nord-Süd-Ausdehnung 78 km. Mallorcas Küste hat eine Länge von 550 km.

Landschaftlich bietet Mallorca sehr viele unterschiedliche Formen. Naturräumlich gliedert sich die Insel in zwei Gebirgszüge und eine zentrale Ebene. Von Sa Dragonera im SW nach Cap de Formentor in NE verläuft parallel zur Nordwestküste die Serra de Tramuntana. Dabei handelt es sich um einen teilweise bis zu 15 km breiten Gebirgszug, dessen Höchste Erhebung, der mit 1445 Metern der Puig Major ist. Dieser Gebirgszug umfasst mit einer Steilküste und den Karsformen 25% der Inseloberfläche.[10] Im Osten der Insel erstreckt sich auf von etwa 15% der Inseloberfläche ein weiterer Gebirgszug mit Höhen bis zu 600 m ü NN. bestehend aus Kalken und Mergeln, der Serres de Llevant.

Das mallorquinische Flachland wird in drei Abschnitte gegliedert. In das Gebiet südöstlich der Serra de Tramuntana, dem El Raiguer. Dabei handelt es sich um einen trocken-warmen und von Wind geschützten Gunstraum mit fruchtbaren Böden. Die Ebene El Pla liegt zwischen dem Becken von Palma und dem von Alcúdia. Schließlich die Küstenebene El Migjorn.

Entsprechend der Breitenlage (39-40°) besitzt Mallorca ein mediterranes Klima, dafür charakteristisch sind die ausgeprägte Sommertrockenheit und die milden aber auch relativ feuchten Herbst-, und Wintermonate. Die durchschnittliche Jahreslufttemperatur liegt bei 16°C, und die des Wassers sogar bei 18,4°C. Im Schnitt kommen wir auf Mallorca auf 7,6 Sonnenstunden pro Tag, und der durchschnittliche Jahresniederschlag liegt bei 406 mm,

---

8 Die WHO beschriebt den nachhaltigen Tourismus als einen der „ökonomische, soziale und ästhetische Bedürfnisse erfüllen kann, während die kulturelle Integrität, essentielle ökologische Vorgänge, Artenvielfalt und Lebensqualität nicht verloren gehen". Also die Nachhaltigkeit bedeutet in diesem Zusammenhang den Erhalt der Natur und der Einzigartigkeit der Regionen.

9 Mallorca ist flächenmassig etwa 4,5-fach größer als Berlin (Vgl.: Fläche Berlins 891,68 km²)

10 Vgl.: Schürgers, Petra: Lokale Tourismus-Systeme Mallorcas, S.3; Schmitt Thomas: Ökologische Landschaftsanalyse und –bewertung in ausgewählten Raumeinheiten Mallorcas als Grundlage einer umweltverträglichen Tourismusentwicklung.

dieser unterliegt aber einer relativ großen Schwankung zwischen dem Norden und dem Süden.

4. Mallorca zwischen gestern und heute, zwischen dem Massen-, und Qualitätstourismus

Der Tourismus[11] auf Mallorca hat seinen Ursprung Anfang des 19 Jahrhunderts, damals kamen katalanische Kaufleute und Adelige als Wintertouristen in Palma an. Ende des 19. Jh. wurde die Insel auch von der Mittelschicht entdeckt.

Zu Beginn des 20. Jh. wurde die Gesellschaft zur Tourismusförderung auf Mallorca gegründet und es entstanden erste Luxushotels. Den ersten Touristenboom, wenn man von solchen damals sprechen kann, gab es zwischen den Jahren 1930-1935, die Zahl der Touristen hat sich in nur fünf Jahren von 20168 auf 40045 verdoppelt.

Nach der positiven Entwicklung der 30-ger Jahre des 20 Jh. folgte auf Grund des Bürgerkrieges bis ins Jahr 1951 eine Isolation Spaniens und somit auch der Rückgang des Fremdenverkehrs. Mit der Gründung des Informations-, und Tourismusministerium im Jahre 1951 veränderte sich die Lage. Die Insellage, bessere Anbindung mit Charterflügen ab 1953, sowie die Verbesserung der wirtschaftlichen Verhältnisse in Nord-, und Mitteleuropa brachten Mallorca den „Massentourismus". Die spanische Förderung des Fremdenverkehrs brachte sehr schnell Erfolge. 1965 zählte man weniger als 1000, meist durch die Eigentümer geführte Hotels, wo ca. 650 Tsd. Besucher Platz fanden. Vier Jahre später waren es mehr als 1500 Hotels und die Besucherzahlen stiegen um knapp eine Million auf 1,63 Mio. Zum ersten Mal wurde die eine Million Marke übertroffen. In den folgenden Jahren florierte der Hotelbau aufgrund günstiger Baukredite der sog. Touristenkredite[12] und bis zum Jahr stiegen die Touristenzahlen auf über zwei Millionen. Bei dem ersten Touristenboom, der mit der Ölkrise gebremst wurde, und die als die erste Krise angesehen werden kann, handelt es sich in erster Linie um den Strandtourismus, der Aufgrund der klimatischen Gunstfaktoren der Insel aufgenommen war. Die Jahre 1978-1988 führten insgesamt wieder zu einer Verdopplung der Urlauberzahlen. In dieser Zeit wurden vermehrt Apartmentanlagen gebaut, die auch nicht nur den Pauschaltourismus sondern auch den Individualtourismus fördern sollte. Bis zum Jahr 1988 stiegen die Urlauberzahlen auf über 4,5 Mio.

In den Jahren 1989 – 1992 verzeichnet die Insel, eine zweite Krise, die zum einen Aufgrund eines Preisverfalls der Urlaubsangebote und zum anderen durch die Aufgrund der Steigung der Lebensunterhaltskosten von bis zu 50% andauernden Streiks. Ab dem Jahr 1993

[11] Tourismus (Fremdenverkehr, touristischer Reiseverkehr) umfasst die Gesamtheit aller Erscheinungen und Beziehungen, die mit dem Verlassen des üblichen Lebensmittelpunktes und dem Aufenthalt an einer anderen Destination bzw. dem Bereisen einer anderen Region verbunden sind. Das Kriterium der Bewegung außerhalb des üblichen Arbeits- und Wohnumfeldes ist allein begriffsbestimmend.

[12] Touristenkredite – Investitionskredite die vom Staat mit einem günstigeren Zins gewährt werden.

setzt Mallorca auf den Ausbau des Residenztourismus[13], auf diese Jahre fällt auch der Beginn des Qualitätstourismus und damit des Agrotourismus. Dieses wurde möglich, mit zwei Gesetzen, die in den Jahren 1990 und 1991 verabschiedet worden sind. Zum einen handelt es sich um das Gesetz, das die Renovierung der vor 1984 gebauten Unterkünfte ermöglicht, zum anderen das Gesetz zum Schutz der Naturgebiete. Das Letztere ist eine Folge der in den Jahren zuvor andauernden Degradation der Natur und der damit einhergehender Landschaftszerstörung.

Dem folgte eine weitere Krise, ab dem Jahr 2000. Die Gründe hierfür sind vielfältig u.a. kann der Preisanstieg mit der Einführung des Euros, Ökosteuer und auch die allgemeine Wirtschaftsflaute genannt werden. So durchlebt die Insel Phasen des Booms aber auch die des Einbruchs des Fremdenverkehrs. Bei der dritten Krise sanken die Zahlen von fast 8,5 Mio. auf 6,5 Mio. Urlauber. Für eine, auf den Tourismus orientierte Dienstleistungsgesellschaft sind das nicht nur enorme Geldeinbußen sondern auch daraus resultierenden Existenzschwierigkeiten. Ab 2003 erholte sich die Lage wieder und bis zum Jahr 2010 gab es einen Aufwärtstrend in der Tourismusbranche die Urlauberzahlen stiegen auf über zehn Millionen Besucher. Das Jahr 2010 war wieder ein Jahr, in dem Mallorca u.a. durch einen Vulkanausbruch mit einem enormen Rückgang der Urlauber zu kämpfen hatte. Im Jahr verzeichnete Mallorca knapp sechs Mio. Besucher und lag somit über eine Mio. weniger als im Jahr 1999.

Die nächsten Jahre zeichnen wieder eine Erholung und Anstieg der Besucherzahlen, nicht zuletzt durch die unterschiedlichen Angebote in verschiedenen Tourismussegmenten. Die Tabelle Nr.1, zeigt die für die Jahre 2011-2013 die touristische Entwicklung Anhand einiger ausgewählter Größen. Ein Hinweis für das Aufkommen von Qualitäts-, bzw. Agrotourismus können folgende Veränderungen geben. Innerhalb des Zeitraumes ist der Anteil der Touristen in der Altersgruppe zwischen 15-24 Jahren um 2,4% gesunken. Das ist in realen Zahlen ein Rückgang um fast 550 Tsd. Dem gegenüber stieg der Anteil der Urlauber im Alter von 45-64 Jahren um 1,5% (ca. 350 Tsd.). Auch die Form der Unterkunftswahl hat sich verändert. Bei den Fincas verbuchen wir einen Anstieg von 0,4%, was immerhin eine positive Tendenz darstellt.

Die kurze Analyse der touristischen Entwicklung Mallorcas hat einen modellhaften Charakter. Das Wachstumszyklusmodell touristischer Destinationen nach Butler kann auf das Reiseziel Mallorca zweifelsfrei angewendet werden. Genauso wie im Model gab es Anfang des 19. Jh. Pioniere, die die Insel für sich entdeckt haben und den „Startschuss" für die weitere touristische Erschließung bildeten. Die Infrastrukturelle Erschließung der folgenden

[13] Der Begriff Residenztourismus beschreibt das Phänomen der als Residenten im Ausland lebenden Rentner aus dem nordeuropäischen Raum. Der Ausdruck macht deutlich, dass es sich bei dieser Bewegung um einen Mix aus Auswanderung und Urlaub handelt. Ein Synonym für das Wort Residenztourismus ist der Ausdruck Altersmigration.

Jahre und die politischen Maßnahmen Spaniens führten zu weiteren Urlaubszahlen und letztendlich zum Massentourismus. Durch die enormen Besucherzahlen, kam es nicht nur zu der naturräumlichen Degradation, sondern zu einer Übernutzung der Ressourcen und sozial-ökonomischen Problemen der einheimischen Bevölkerung. Parallel zu dieser Entwicklung hat das ‚Produkt'[14] an Bedeutung verloren, es folgte eine Stagnation und schließlich eine Abnahme der Urlauber. Diesen Prozess durchlief die Insel im Laufe der touristischen Erschließung mehrmals, denn nach jeder Krise kam eine Neuentwicklung die sich jetzt in Form des Qualitätstourismus widerspiegelt. Jedes Reiseziel muss sich als ein Produkt verstehen, und sich der neuen Situation stellen und das Angebot immer wieder der Nachfrage anpassen.

Die Entwicklung des Fremdenverkehrs auf Mallorca führte sozio-ökonomisch zu vielen Veränderungen. Zum einen zu einem Anstieg der Bevölkerung. Waren im Jahr 1950 nur 340 000 Einwohner auf Mallorca zu verzeichnen, so ist die Einwohnerzahl Mallorcas heute mit inzwischen etwa 876.147 mehr als doppelt so hoch. Fast die Hälfte aller Mallorquiner über 400 Tsd. leben in der Hauptstadt Palma de Mallorca. Mit dem Tourismusboom, kam auch der wirtschaftliche Aufschwung Mallorcas. Das Pro-Kopf-Einkommen liegt über dem spanischen Durschnitt.

[14] Dieses Model gleicht einem Produkt-Lebens-Zyklus

5. Agrotourismus auf Mallorca

Der Agrotourismus auf den Balearen, ist kein Agrotourismus im engerem Sinne, also es handelt sich hierbei nicht um ein preiswerten „Urlaub auf dem Bauernhof". Der sog. „Finca-Tourismus"[15] verfolgt laut den rechtlichen Vorgaben der Balearen Regierung mehrere Ziele[16]. Zum einem soll der Erhalt der traditionellen Bausubstanz und Agrarlandschaft gefördert werden. Des Weiteren sollen die Einkommenschancen der Landbevölkerung verbessert werden und schließlich soll eine technische und humane Überalterung vermieden werden. Bei der Form des Tourismus handelt es sich um einen Tourismus im Binnenland der durch die spanische Regierung im Sinne des „Qualitätstourismus" gefördert und so an die Urlauber angeboten wird.

In diesem Zusammenhang werden seit 1995 auf Mallorca drei Formen des sog. Agrotourismus unterschieden, die sich u.a. in der Unterbringung der Gäste unterschieden.[17] Als erste Form gilt das Landhotel (HR) auf einem nicht bebaubaren Grund. Dabei handelt es sich um eine hotelähnliche Unterkunft, die vor 1940 gebaut wurde, maximal mit 25 Zimmer für insgesamt 50 Gäste ausgestattet ist und mindestens 50 Tsd. m² Land umfasst. Diese Form bedarf keiner zusätzlichen landwirtschaftlichen Tätigkeit. Das Angebot an Landhotels (HR) in den Jahren 1993 – 2014 zeigt die Tabelle Nr.2. Hier sehen wir für das Jahr 1994 drei Landhotels, die eine Bettenkapazität von 76 aufweisen. Trotz einer langsamen Entwicklung in den ersten Jahren, kam es innerhalb der 20 Jahre zu einer 12-fachen Steigerung der Landhotels. Die Auslastung erhöhte sich sogar um das 20-fache, von anfangs 76 auf 1443 Betten. Der Ausbau und die Modernisierung, die Aufgrund vieler regionaler und europäischer Förderprojekte möglich waren, führten zu der Steigerung der Betten pro Einrichtung von knapp über 25 auf über 41.

Die Agrotourismo-Unterkünfte die sog. Fincas (AT), die sich ebenfalls auf einem nicht bebaubaren Grund befinden, eine maximale Auslastung von 12 Zimmern für 24 Gäste haben. Diese müssen vor 1960 gebaut worden sein und an mindestens 25 Tsd. m² Land angrenzen. Hier findet eine Kopplung der Nutzung die sowohl einen touristischen als auch land-, oder forstwirtschaftlichen Charakter aufweist. Die Entwicklung der agrotouristischen Einrichtungen (AT) in den Jahren 1993 – 2014 zeigt die Tabelle Nr. 3.

Auch das agrotouristisches Angebot der Fincas beginnt im Jahr 1994. Für dieses Jahr werden 42 mit insgesamt 398 Betten angeführt. Die ersten Jahre zeigen, dass sich die agrotouristische Branche nur langsam entwickelt hat. Bis zum Jahr 1997 gingen nur 10 weitere touristische Einrichtungen in dieser Übernachtungskategorie in Betrieb. In den

[15] Finca bedeutet im span. „Grundstück", meint jedoch inzwischen Landhaus, an den oft ein Landgut oder eine Plantage angeschlossen ist. In vielen Fällen handelt es sich um ein massives, ockerfarbenes, rustikales Bruchsteinhaus. Nachdem viele Fincas nicht mehr landwirtschaftlich genutzt wurden, haben die Eigentümer diese umgebaut und modernisiert um sie anschließend für die Ferienvermietung anzubieten.

[16] Erlass 30/1991, über die Ziele des Tourismus in den ländlichen Raum.

[17] Zusatzregelungen und Festlegungen für die neuen Formen des Tourismus im ländlichem Raum; Erlass 6/1995.

folgenden Jahren erlebte das Segment einen kontinuierlichen Anstieg, sowohl in der Anzahl der neu registrierten Einrichtungen, als auch in den steigenden Bettenzahlen. In den Jahren zwischen 1998-2003 wurden im Schnitt zehn Fincas jährlich zusätzlich registriert. Innerhalb der 20 Jahre, gab es nur 2011 einen minimalen Rückgang, sowohl in den angebotenen Fincas, als auch in den Bettenzahlen. Allgemein kann gesagt werden, dass bei dieser Übernachtungskategorie die Anzahl der Einrichtungen über das Vierfache von 42 auf 182 gestiegen ist. Innerhalb der Betten kam es sogar zu einer siebenfachen Steigerung. Auch die Auslastung und die Ausstattung der Einrichtungen, haben sich verändert. Von anfangs 9.5 Betten pro Einrichtung erreichten die Zahlen 2014 über 15 Betten pro Einrichtung.

Eine genaue Aufstellung der Regionen Mallorcas und deren Entwicklung innerhalb der agrotouristischen Unterkünfte, haben wir, für die Jahre 2010-2014 in den Tabellen Nr.6 bis Nr.10 zusammengestellt. Dabei wird deutlich, dass auch ganz kleine Regionen auf den Agrotourismus angewiesen sind.

Die dritte Form sind die Hotels Interior, diese liegen in einem Binnenort mit einem Abstand von 500 m zu dem nächsten touristisch geprägten Ort. Diese Hotels sind vor 1940 gebaut worden und dürfen architektonisch nicht verändert worden sein. Die maximale Auslastung in dieser Unterkunftsform sind 8 Zimmer für 16 Gäste. Diese Entwicklung haben wir in der Tabelle Nr.4 zusammengestellt.

Über die Hälfte der Finca-Touristen kommen aus Deutschland, gefolgt von den Briten (20%). Auf dem dritten Platz landen die Spanier mit 18% selbst. In der Regel wird der Finca-Urlaub direkt gebucht, was darauf hinweisen kann, dass dieser Urlaub regelmäßig gebucht wird. Weitere Buchungsmöglichkeiten erfolgen zum Teil über die regionalen Reisebüros und dem Internet. In Deutschland selbst gibt es zwei große Reiseveranstalter, die diese Art des Tourismus bewerben und Kataloge anbieten. Zum einen ist es TUI und zum anderen Thomas Cook. In den Anfängen wurde oftmals nur der Tourismus in die Landhotels angeboten, dieses hat sich weiter entwickelt und mittlerweile werden auch die günstigeren Fincas angeboten. In der heutigen Zeit, ist aufgrund der Präsenz im Internet, jedem Betreiber möglich eine eigene Homepage zu haben.

Für die Entwicklung der Urlauberzahlen in dem agrotouristischen Segment haben wir die Tabelle Nr.5 zusammengestellt. Für die Jahre 2010-2014 haben wir die Anzahl der Touristen mit den Ihnen zu Verfügung stehenden Bettenzahlen gegenüber gestellt. So konnten wir, ausgehend von den uns zu Vergnügung stehenden Bettenzahlen der (AT), der (HR) und der (HI) die Urlauberzahlen des agrotouristischen Segments ausrechnen. Seit 2010 verzeichnet diese Form des Tourismus ein stetiges Wachstum. Waren es im Jahr 2010 knapp über 91 Tsd. Agrotouristen so lag die Zahl im letzten Jahr bei fast 189 Tsd., was mehr als eine Verdopplung der Urlauber innerhalb von fünf Jahren in diesem Sektor darstellt. Auch ältere Darstellungen gehen für die Jahre 2008-2010 von Agrotouristen die bei etwa 800 Tsd. liegen. Das zeigt deutlich, dass die alternativen Tourismusformen an Bedeutung gewinnen.

Nun zu den Vor und Nachteilen, Aus-, Rück- und Wechselwirkungen des Tourismus im ländlichen Raum. Diese sind bei der geographischen Betrachtung im vernetzten Denkprozess immer wichtig, denn es gibt keine eindimensionale Richtung und auch kein eindeutiges Richtig oder Falsch. Letzteres hängt zusätzlich in der raum-zeitlichen Betrachtung immer auch von der Perspektive, den Intentionen und Zielen ab.

Der Agrotourismus findet sicher in ländlichen Räumen Mallorcas statt, die nicht vom Massentourismus geprägt sind. Diese Form bietet für die Bevölkerung im Inselinneren und für die dort lebenden Landwirte ein Zusatzeinkommen. Auch können dadurch gleichzeitig Traditionsgebäude und -gehöfte erhalten und saniert werden. Gleichzeitig werden auch Erweiterungen vorgenommen die nicht genehmigt sind oder nachgenehmigt werden. Viele Agrotourismusunterkünfte, sind nicht immer zwingend landwirtschaftlich genutzt und es werden reine Ferienunterkünfte auf dem Land als „Finca-Tourismus" angeboten. Hier kann es zu stark veränderter Nutzung des ländlichen Raumes kommen und zu einer intensiven räumlichen Urlaubsnutzung. Die Finca-Touristen legen oftmals nicht nur das Augenmerk auf Erholung sondern auf Luxus. Dieser bringt vermehrt einen überproportionalen Einsatz von Ressourcen, wie z.B. Wasser für die Poolanlagen. Es kann anhand der Wirtschaftssektoren ein landwirtschaftliches Einkommen (Primärer Sektor) von einem Einkommen durch die Finca-Vermietung, das in den Tertiären Wirtschaftssektor fällt, nicht oder nur schwer differenziert werden. Nur einige Fincas bleiben im Familienbesitz und werden nicht verkauft.

Im ländlichen Raum ist man zum Einkaufen etc. als Urlauber meist auf ein Mietauto angewiesen. Die Infrastrukturnachfrage im ländlichen Raum steigt generell durch zunehmende touristische Nutzung. Fehlende Kanalisation (Entsorgung) kann, insbesondere im mallorquinischen Karst ohne einheitlichen Grundwasserleiter und abgedichtetem Untergrund bei hoher räumlicher Siedlungsnutzung zu Problemen führen. Im gebirgigen und ländlichen Raum kann der Finca-Tourismus auch in der Nebensaison nur in Gebäuden mit Beheizung stattfinden.

Die Analyse der Zahlen zeigt jedoch, dass der „Finca-Urlaub" immer mehr an Bedeutung gewinnt. Es muss jedoch klar sein, dass es sich dabei sowohl um einen „sanften Tourismus" als auch einen Tourismus bei dem die Ressourcen weiterhin überproportional beansprucht werden.

6. Fazit

Der Agrotourismus wird mit den anderen „neuen Formen" des Tourismus oftmals unter dem Begriff des Qualitätstourismus zusammengefasst, auf Mallorca sogar unter dem Gesichtspunkt gefördert. Dieser ist unserer Meinung nach kritisch zu betrachten, denn diese Form bildet zwar eine Alternative zu dem Massentourismus, wird aber in der Öffentlichkeit häufig als ein hochpreisiger Tourismus betrachtet, wie Golf- und Yacht-/Segeltourismus. Allerdings ist Qualität nicht gleich teuer, oftmals ist es nur der Wunsch der Anbieter, dass das

Angebot den Wünschen und Vorstellung der Urlauber entspricht.

Landschaftlich reizvoll ist der Urlaub im ländlichen Raum Mallorcas und sicher ein zum Strandurlaub ergänzendes Angebot fern ab der Masse, das Ruhe verspricht. Für Familien mit Kindern unterschiedlichen Alters kann er aber mitunter keine Alternative zum Strandurlaub sein.

Jüngst wurde die private Ferienhausvermietung stark in Frage gestellt bzw. verfolgt, da dieses Angebot generell als Konkurrenz zu den Hotelunterkünften gesehen wird und außerdem auch hier ein gewisser Qualitätsstandart sichergestellt sein sollte.

Ob die Form des Tourismus eine geeignete Variante der Erneuerung ist, kann man sowohl mit ein ja, als auch mit einem nein beantworten. Geht man von den Urlauberzahlen aus so sind es knapp 2%, die dieses Angebot im letzten Jahr genutzt haben. Natürlich kann man ausgehend von Butlers Tourismusmodel, dieses Segment als eine Pionierphase betrachten. Demzufolge wäre es in der weiteren Entwicklung eine geeignete Alternative zum Strandtourismus. Betrachtet man die Entwicklung der Bettenzahlen, die verfügbare Fläche Mallorcas und auch den idyllischen Charakter der Anlagen (Fincas, Hotel rural), so wird der Agrotourismus unserer Meinung nach, ein Nischenprodukt.

Der zwar gering aber kontinuierliche Anstieg der Urlauberzahlen, zeigt zum einen ein Umdenkprozessbei den Urlaubern und wird sich weiterhin positiv entwickeln und auf Mallorca eine Symbiose zwischen Natur- und Erholungstourismus.

Quellen (Eine Auswahl von Druck-, und Intrnetquellen)

Arnold, Klaus; Staudacher, Christian: Urlaub auf dem Bauernhof : eine empirische Untersuchung der Struktur und Entwicklung einer spezifischen Erholungsform und ihrer Auswirkungen auf die Land- und Forstwirtschaft in Niederösterreich; Wien 1981.

Egger Thomas: Agrotouristische Angebote gemeinsam vermarkten. In: die Volkswirtschaft. das Magazin für Wirtschaftspolitik. 6-2009.

Gorsemann, Sabine (1996): Sanfter Tourismus auf harter Urlaubsinsel. Die Tourismusbranche vermarktet einen Trend- Das Fallbeispiel Mallorca. In: Geographie heute, Band 17, Heft 143

Karermeier, Andreas: Tourismus im Mittelmeerraum. Entwicklung und Perspektiven. In: Praxis Geographie, Band 32, Heft 3, 2002

MAYER, E. (1976): Die Balearen. Sozial- und wirtschaftsgeographische Wandlungen eines mediterranen Inselarchipels unter dem Einfluss des Fremdenverkehrs, Stuttgart 1976.

Schmitt Thomas: Ökologische Landschaftsanalyse und –bewertung in ausgewählten Raumeinheiten Mallorcas als Grundlage einer umweltverträglichen Tourismusentwicklung, Stuttgart 1999.

Schürgers, Petra: Lokale Tourismus-Systeme Mallorcas.

Torres Arrabal, M.; Juarez Gutierres, J.: Verschiedene Typen des Tourismus, Granada 2000

https://www.gr.ch/DE/institutionen/verwaltung/dvs/awt/dokumentation/Dokumente%20Themen%20und%20Projekte/Analyse_und_Strategie_Agrotourismus_Graubuenden_def.pdf

http://www.qualitaet-gr.ch/uploads/files/SAB_Agrotourismus_Analyse_Aug_2008.pdf

http://de.wikipedia.org/wiki/Agrotourismus

http://www.aube-umweltakademie.de/Dokumente/NachhaltigerTourismus.pdf

http://www.nfi.at/dmdocuments/NachhaltigerTourismus.pdf

http://www.invent-tourismus.de/pdf/INVENT_Broschuere_051104.pdf

http://www.eduhi.at/gegenstand/geographie/data/N-Massentourismus_Mittelmeer.pdf

http://dbbm.fwu.de/fwu-db/presto-image/beihefte/55/110/5511068.pdf

http://www.grin.com/de/e-book/66974/mallorca-massentourismus-im-konflikt-mit-umwelt-und-naturschutz

http://www.praxisgeographie.de/suche/nach/schlagwort/Mallorca

http://www.auf-nach-mallorca.info

http://www.caib.es

Anhang

Tabelle Nr.1 :

Tourismus auf Mallorca

Ausgewählte Größen (Alter, Geschlecht, Grund für die Reise, Form der Organisation der Reise, Unterkunft und Hotelkategorie der Urlauber auf Mallorca in den Jahren 2011-2013)

Jahr sowie untersuchte Größe	2011	2012	2013
Männer	47,6%	45,4%	46,0%
Frauen	52,4%	54,6%	54,0%
Unter 6	2,7%	2,9%	3,0%
6-14	4,5%	4,7%	5,2%
15-24	12,4%	11,6%	10,0%
25-44	39,9%	40,1%	40,5%
45-64	32,3%	33,3%	33,8%
Über 64	8,2%	7,5%	7,6%
Grund: Freizeit und Urlaub	94,5%	94,0%	95,4%
Grund: andere Gründe	5,5%	6,0%	4,6%
Unterkunft: Hotel oder ähnliches	75,1%	72,4%	72,7%
Unterkunft: Fincas und ähnliches	6,2%	6,3%	6,6%
Unterkunft: Mietwohnwagen	6,7%	9,4%	9,5%
Unterkunft: Freunde und Bekannte	8,6%	9,0%	7,7%
Unterkunft: Andere Formen	3,3%	2,9%	3,4%
5 Sterne Hotels	3,3%	4,4%	3,7%
4	36,4%	41,3%	46,6%
3	49,8%	43,0%	39,0%
1 oder 2 Sterne Hotels	3,5%	4,0%	3,4%
Weitere Formen der Unterkunft	7,0%	7,2%	7,2%
Hotel ohne Pauschalreise	35,8%	36,4%	37,3%
Hotel mit Pauschalreise	64,2%	63,6%	62,7%
Gesamt Zahl der Urlauber	**8.860.221**	**9.147.702**	**9.454.264**

Quelle: Govern de les Illes Balears; Agencia de Turismo de les Illes Balears; http://www.caib.es/, (Eigene Zusammenstellung der statistischen Daten)

Tabelle Nr.2:

Entwicklung der agrotouristischen Einrichtungen (Hotel rural/Landhotel) und die Unterkunftskapazität (Anzahl der Betten) auf Mallorca in den Jahren 1993 – 2014

Jahr	Anzahl der agrotouristischen Einrichtungen	Veränderung der Anzahl der agrotouristischen Einrichtungen jeweils zum Vorjahr	Anzahl der Betten	Veränderung der Anzahl der Betten jeweils zum Vorjahr	Betten pro Einrichtung
2014	35	+2	1.443	+173	41,22
2013	33	+2	1.270	+79	38,48
2012	32	+1	1.191	+54	37,21
2011	31	±0	1.137	+3	36,67
2010	31	+1	1.134	+65	36,58
2009	30	+3	1.069	+88	35,63
2008	27	+2	981	+94	36,33
2007	25	±0	887	+0	35,48
2006	25	+2	887	±80	35,48
2005	23	+3	807	+38	35,08
2004	21	+4	769	+129	36,61
2003	17	+2	640	+73	37,64
2002	15	+3	567	+68	37,80
2001	14	+2	499	+81	35,64
2000	12	+2	418	+95	34,83
1999	10	+5	323	+185	32,30
1998	5	-2	138	-41	27,60
1997	7	+1	179	+25	25,57
1996	6	+1	154	+78	25,66
1995	5	+2	76	±0	15,20
1994	3	+3	76	+76	25,33
1993	0		0		

Quelle: Govern de les Illes Balears; Agencia de Turismo de les Illes Balears; http://www.caib.es/, (Eigene Zusammenstellung der statistischen Daten)

Tabelle Nr.3:

Entwicklung der agrotouristischen Einrichtungen (Fincas) und die Unterkunftskapazität (Anzahl der Betten) auf Mallorca in den Jahren 1993 – 2014

Jahr	Anzahl der agrotouristischen Einrichtungen	Veränderung der Anzahl der agrotouristischen Einrichtungen jeweils zum Vorjahr	Anzahl der Betten	Veränderung der Anzahl der Betten jeweils zum Vorjahr	Betten pro Einrichtung
2014	201	+19	3164	+381	15,74
2013	182	+6	2783	+146	15,29
2012	176	+3	2637	+143	14,98
2011	173	-2	2494	-13	14,41
2010	175	+17	2507	+271	14,32
2009	158	+7	2236	+154	14,15
2008	151	+2	2082	+72	13,78
2007	149	+7	2010	+90	13,48
2006	142	+11	1920	+177	13,52
2005	131	+9	1743	+120	13,30
2004	122	+6	1623	+134	13,30
2003	116	+11	1489	+184	12,83
2002	105	+11	1305	+200	12,42
2001	94	+11	1105	+146	11,75
2000	83	+10	959	+154	11,55
1999	73	+11	805	+190	11,02
1998	62	+10	615	+92	9,91
1997	52	+3	523	+39	10,05
1996	49	+4	484	+39	9,87
1995	45	+3	445	+47	9,88
1994	42	+42	398	+398	9,47
1993	0		0		

Quelle: Govern de les Illes Balears; Agencia de Turismo de les Illes Balears; http://www.caib.es/, (Eigene Zusammenstellung der statistischen Daten)

Tabelle Nr.4:

Entwicklung der agrotouristischen Einrichtungen (Turismo de Interior) und die Unterkunftskapazität (Anzahl der Betten) auf Mallorca in den Jahren 1993 – 2014

Jahr	Anzahl der agrotouristischen Einrichtungen	Veränderung der Anzahl der agrotouristischen Einrichtungen jeweils zum Vorjahr	Anzahl der Betten	Veränderung der Anzahl der Betten jeweils zum Vorjahr	Betten pro Einrichtung
2014	79	+2	1037		
2013	77	+11	993		
2012	66	+2	859		
2011	64	+4	839		
2010	60	+4	773		
2009	54	+6	683		
2008	48	+3	607		
2007	45	+2	561		
2006	43	+1	530		
2005	42	+5	514		
2004	37	+7	454		
2003	31	+8	388		
2002	23	+9	294		
2001	14	+3	160		
2000	11	+6	123		
1999	5	±0	56		
1998	5	+3	56		
1997	2	+2	22		
1996	0	--------	0		

Quelle: Govern de les Illes Balears; Agencia de Turismo de les Illes Balears; http://www.caib.es/, (Eigene Zusammenstellung der statistischen Daten)

Tabelle Nr.5:

Anzahl der Agrotouristen auf Mallorca in den Jahren 2010 – 2014

Jahr	Anzahl der Touristen	Anzahl der Betten (alle Kategorien der Unterkünfte)	Anzahl der Betten (Fincas)	Anzahl der Betten (Landhotel)	Anzahl der Betten (Hotels Interior)	Anzahl der Urlauber /Agrotouristen (Fincas, Landhotels)
2014	9.664.094	288.578	3.164 (1,0964%)	1.443 (0,5%)	1.037 (0,359%)	188.971,69 (1,9554%)
2013	9.454.264	286.854	2.783 (0,9700%)	1.270 (0,44%)	993 (0,346%)	166.016,97 (1,756%)
2012	9.147.702	284.956	2.637 (0,9254%)	1.191 (0,42%)	859 (0,301%)	150.607,76 (1,6464%)
2011	8.860.221	284.912	2.494 (0,8735%)	1.137 (0,4%)	839 (0,294%)	138.883,96 (1,5675%)
2010	5.950.560	286.618	2.507 (0,8746%)	1.134 (0,39%)	773 (0,269%)	91.257,78 (1,5336%)

Quelle: Govern de les Illes Balears; Agencia de Turismo de les Illes Balears; http://www.caib.es/, (Eigene Zusammenstellung der statistischen Daten)

Tabelle Nr. 6:

Verteilung der agrotouristischen Einrichtungen auf die entsprechende Region auf Mallorca und die dazugehörige verfügbare Unterkunftskapazität (Anzahl der Betten) (2010)

Nr.	Ortschaft/Region	Anzahl der agrotouristischen Einrichtungen	Anzahl der Betten
1.	Alaró	2	16
2.	Alcúdia	3	34
3.	Algaida	1	20
4.	Andratx	2	24
5.	Artà	6	61
6.	Banyalbufar		
7.	Binissalem	2	43
8.	Búger	1	12
9.	Bunyola	11	140
10.	Calvià	4	52
11.	Campanet	2	45
12.	Campos	17	271
13.	Capdepera	2	32
14.	Costitx		
15.	Deià	1	16
16.	Esporles	6	105
17.	Estellencs	1	10
18.	Felanitx	9	121
19.	Fornalutx	2	25
20.	Inca	1	6
21.	Lloret de Vistalegre	2	38
22.	Lloseta	1	9
23.	Llubi		
24.	Llucmajor	14	171
25.	Manacor	19	252
26.	Maria de la Salut	3	22
27.	Marratxí	1	16
28.	Montuïri	3	38
29.	Muro		
30.	Palma		
31.	Petra	3	40
32.	Pollença	2	28
33.	Porreres	6	86
34.	Puigpunyent	4	68
35.	Sa Pobla	2	20
36.	Sant Llorenç des Cardessar	2	24
37.	Santa Eugènia	4	74
38.	Santa Margalida	1	10
39.	Santa Maria Del Cami	5	76
40.	Santanyí	2	22
41.	Selva	3	44
42.	Sencelles	6	124
43.	Ses Salines	1	14
44.	Sineu	1	20
45.	Sóller	8	103
46.	Son Servera	4	78
47.	Valldemossa	4	77
48.	Vilafrance de Bonany	1	20
	Mallorca – Gesamt	**175**	**2.507**

Tabelle Nr.7:

Verteilung der agrotouristischen Einrichtungen auf die entsprechende Region auf Mallorca und die dazugehörige verfügbare Unterkunftskapazität (Anzahl der Betten) (2011)

Nr.	Ortschaft/Region	Anzahl der agrotouristischen Einrichtungen	Anzahl der Betten
1.	Alaró	2	16
2.	Alcúdia	4	50
3.	Algaida	1	20
4.	Andratx	1	14
5.	Artà	6	61
6.	Banyalbufar		
7.	Binissalem	2	43
8.	Búger	1	12
9.	Bunyola	11	140
10.	Calvià	4	52
11.	Campanet	2	45
12.	Campos	17	269
13.	Capdepera	2	32
14.	Costitx		
15.	Deià	1	16
16.	Esporles	6	105
17.	Estellencs	1	10
18.	Felanitx	10	145
19.	Fornalutx	2	25
20.	Inca	1	6
21.	Lloret de Vistalegre	2	38
22.	Lloseta	1	9
23.	Llubi		
24.	Llucmajor	13	165
25.	Manacor	18	228
26.	Maria de la Salut	3	22
27.	Marratxí	1	16
28.	Montuïri	3	38
29.	Muro		
30.	Palma		
31.	Petra	3	40
32.	Pollença	2	28
33.	Porreres	6	86
34.	Puigpunyent	3	57
35.	Sa Pobla	2	20
36.	Sant Llorenç des Cardessar	2	24
37.	Santa Eugènia	4	74
38.	Santa Margalida	1	10
39.	Santa Maria Del Cami	5	76
40.	Santanyí	2	22
41.	Selva	3	44
42.	Sencelles	6	124
43.	Ses Salines	1	14
44.	Sineu	1	20
45.	Sóller	8	103
46.	Son Servera	4	78
47.	Valldemossa	4	77
48.	Vilafrance de Bonany	1	20
	Mallorca – Gesamt	**173**	**2.494**

Tabelle Nr.8 :

Verteilung der agrotouristischen Einrichtungen auf die entsprechende Region auf Mallorca und die dazugehörige verfügbare Unterkunftskapazität (Anzahl der Betten) (2012)

Nr.	Ortschaft/Region	Anzahl der agrotouristischen Einrichtungen	Anzahl der Betten
1.	Alaró	2	16
2.	Alcúdia	4	54
3.	Algaida	1	20
4.	Andratx	1	14
5.	Ariany		
6.	Artà	6	61
7.	Banyalbufar		
8.	Binissalem	2	43
9.	Búger	1	12
10.	Bunyola	11	140
11.	Calvià	5	77
12.	Campanet	2	53
13.	Campos	18	289
14.	Capdepera	2	32
15.	Costitx		
16.	Deià	1	16
17.	Esporles	6	111
18.	Estellencs	1	10
19.	Felanitx	10	153
20.	Fornalutx	2	25
21.	Inca	1	8
22.	Lloret de Vistalegre	2	38
23.	Lloseta	1	9
24.	Llubi		
25.	Llucmajor	14	202
26.	Manacor	18	241
27.	Maria de la Salut	3	22
28.	Marratxí	1	16
29.	Montuïri	3	38
30.	Muro		
31.	Palma		
32.	Petra	3	40
33.	Pollença	2	28
34.	Porreres	6	86
35.	Puigpunyent	3	57
36.	Sa Pobla	2	26
37.	Sant Llorenç des Cardessar	2	24
38.	Santa Eugènia	4	74
39.	Santa Margalida	1	10
40.	Santa Maria Del Cami	5	76
41.	Santanyí	2	22
42.	Selva	3	48
43.	Sencelles	6	124
44.	Ses Salines	1	14
45.	Sineu	1	20
46.	Sóller	8	103
47.	Son Servera	4	88
48.	Valldemossa	4	77
49.	Vilafrance de Bonany	1	20
	Mallorca – Gesamt	**176**	**2.637**

Tabelle Nr.9:
Verteilung der agrotouristischen Einrichtungen auf die entsprechende Region auf Mallorca und die dazugehörige verfügbare Unterkunftskapazität (Anzahl der Betten) (2013)

Nr.	Ortschaft/Region	Anzahl der agrotouristischen Einrichtungen	Anzahl der Betten
1.	Alaró	2	16
2.	Alcúdia	4	54
3.	Algaida	1	24
4.	Andratx	1	14
5.	Ariany		
6.	Artà	6	61
7.	Banyalbufar		
8.	Binissalem	2	43
9.	Búger	1	12
10.	Bunyola	11	146
11.	Calvià	5	77
12.	Campanet	2	53
13.	Campos	19	299
14.	Capdepera	2	32
15.	Consell		
16.	Costitx		
17.	Deià	1	16
18.	Esporles	6	111
19.	Estellencs	1	10
20.	Felanitx	10	153
21.	Fornalutx	2	25
22.	Inca	1	8
23.	Lloret de Vistalegre	2	38
24.	Lloseta	1	9
25.	Llubi		
26.	Llucmajor	14	212
27.	Manacor	19	289
28.	Maria de la Salut	3	22
29.	Marratxí	1	16
30.	Montuïri	3	47
31.	Muro		
32.	Palma		
33.	Petra	3	40
34.	Pollença	2	28
35.	Porreres	6	86
36.	Puigpunyent	4	68
37.	Sa Pobla	2	26
38.	Sant Llorenç des Cardessar	3	36
39.	Santa Eugènia	4	74
40.	Santa Margalida	1	10
41.	Santa Maria Del Cami	5	84
42.	Santanyí	2	22
43.	Selva	4	56
44.	Sencelles	6	124
45.	Ses Salines	1	14
46.	Sineu	1	20
47.	Sóller	9	123
48.	Son Servera	4	88
49.	Valldemossa	4	77
50	Vilafrance de Bonany	1	20
	Mallorca – Gesamt	**182**	**2.783**

Tabelle Nr.10:
Verteilung der agrotouristischen Einrichtungen auf die entsprechende Region auf Mallorca und die dazugehörige verfügbare Unterkunftskapazität (Anzahl der Betten) (2014)

Nr.	Ortschaft/Region	Anzahl der agrotouristischen Einrichtungen	Anzahl der Betten
1.	Alaró	2	16
2.	Alcúdia	4	54
3.	Algaida	1	24
4.	Andratx	1	14
5.	Ariany	1	10
6.	Artà	6	61
7.	Banyalbufar		
8.	Binissalem	2	43
9.	Búger	1	12
10.	Bunyola	11	148
11.	Calvià	5	77
12.	Campanet	2	53
13.	Campos	22	403
14.	Capdepera	2	40
15.	Consell		
16.	Costitx	1	15
17.	Deià	1	16
18.	Esporles	7	131
19.	Estellencs	1	10
20.	Felanitx	10	153
21.	Fornalutx	2	25
22.	Inca	3	28
23.	Lloret de Vistalegre	2	38
24.	Lloseta	1	9
25.	Llubi		
26.	Llucmajor	16	303
27.	Manacor	20	310
28.	Maria de la Salut	4	28
29.	Marratxí	1	16
30.	Montuïri	3	47
31.	Muro		
32.	Palma	1	6
33.	Petra	3	40
34.	Pollença	2	28
35.	Porreres	6	92
36.	Puigpunyent	4	68
37.	Sa Pobla	3	36
38.	Sant Llorenç des Cardessar	3	36
39.	Santa Eugènia	4	74
40.	Santa Margalida	1	10
41.	Santa Maria Del Cami	5	84
42.	Santanyí	3	36
43.	Selva	4	56
44.	Sencelles	7	132
45.	Ses Salines	2	38
46.	Sineu	1	20
47.	Sóller	10	131
48.	Son Servera	4	88
49.	Valldemossa	5	85
50	Vilafrance de Bonany	1	20
	Mallorca – Gesamt	**201**	**3.164**